CORRELAZIONE MAGNETICA

I0500646

Modulazione Esistenziale

Marcos Cervantes Janssen

Prima edizione: 7 settembre 2023

Diritto d'autore©2023Marcos Cervantes Janssen

A cura di Editorial letr@roja

https://www.youtube.com/channel/UCQ12Xlt8oQOaWAhAiboXPUA

https://www.instagram.com/newtekjanssen/

https://www.facebook.com/LETRA3ROJA

https://www.newtek.janssen@gmail.com

https://twitter.com/Letra3Roja

https://newtekjanssen.es.tl/

letra3roja@gmail.com

CORRELAZION E MAGNETICA

Modulazione Esistenziale

Autore: Marcos Cervantes Janssen.

INDICE:

PREFAZIONE:

La relazione esistenziale spazio-energia ha forma e circostanza solo grazie alla forza magnetica che la mette in relazione; Questo è ciò su cui si concentra questo scritto, inoltre i contributi collaterali saranno di grande interesse per lo studio completo dell'argomento.

Quindi io innanzitutto esisto, e per questo sono cosciente quando penso.

L'esistenza è ciò che comprende l'individualità relativa, nell'eternità assoluta, un'assurdità per la temporalità, più una realtà che teologica per l'eternità.

La polarizzazione nel magnetismo dà vita all'espressione "Modulazione magnetica". Essendo questa la forma che definisce l'energia in essa contenuta; Diciamo che la mente di una struttura fisica si chiama modulazione magnetica.

La correlazione magnetica di tutto ciò che abita questa esistenza è visibile nella costante cinetica del movimento, e questa modulazione si chiama evoluzione, quando i suoi sistemi assumono forme più efficienti attraverso la cronologia esistenziale.

Obbedire ad un'evoluzione progressiva è ciò che determina la correlazione magnetica come espansiva e inclusiva in tutto ciò che si manifesta.

In questo scritto tratteremo della natura magnetica dell'esistenza, e della sua modulazione come dinamica cosciente evolutiva, vi invito quindi a prestare attenzione al messaggio astratto ediscernere con completa libertà. Cercheremo la correlazione magnetica che esiste per modulare la nostra esistenza, a livelli studiabili e allo stesso tempo non studiabili, nell'ambito dell'intuizione creativa.

1 - LA CORRELAZIONE:

La correlazione è una misura statistica che indica la relazione tra due variabili. Viene utilizzato per determinare se esiste una relazione tra due insiemi di dati e, in tal caso, di che tipo di relazione si tratta (positiva, negativa o nulla).

La correlazione può essere calcolata utilizzando diversi metodi, come il coefficiente di correlazione di Pearson o il coefficiente di correlazione di Spearman.

In generale, più il valore di correlazione è vicino a 1 o -1, maggiore è la relazione tra le variabili, mentre un valore vicino a 0 indica che non esiste alcuna relazione tra loro. La correlazione magnetica si riferisce alla relazione tra il segnale magnetico misurato su un'immagine di risonanza magnetica (MRI) e la struttura anatomica del tessuto.

Il segnale magnetico è prodotto dall'interazione tra campi magnetici e protoni nel tessuto.

La correlazione magnetica viene utilizzata nell'interpretazione delle immagini MRI per identificare diversi tipi di tessuti e strutture anatomiche.

Ad esempio, la correlazione magnetica può aiutare a identificare tumori o lesioni nel cervello o in altri organi. La correlazione **neutro** Si riferisce all'assenza di una relazione tra due variabili. In altre parole, quando la correlazione tra due insiemi di dati è prossima allo zero, si può dire che non esiste alcuna relazione significativa tra loro.

Ciò può essere utile in alcuni casi, poiché potrebbe indicare che alcune variabili non sono correlate e pertanto non è necessario considerarle insieme in un'analisi o in un modello.

La correlazione**negativo** si riferisce ad una relazione inversa tra due variabili, nel senso che quando una variabile aumenta, l'altra variabile tende a diminuire.

Un esempio di correlazione negativa potrebbe essere la relazione tra la durata del sonno e il livello di stress.

Se esiste una forte correlazione negativa tra queste due variabili, allora è probabile che le persone che dormono meno oreesperimenti livelli di stress più elevati.

La correlazione **positivo** si riferisce ad una relazione diretta tra due variabili.

Ciò significa che quando una variabile aumenta, anche l'altra tende ad aumentare, e quando una variabile diminuisce, anche l'altra tende a diminuire.

In altre parole, entrambe le variabili si muovono nella stessa direzione.

Un esempio di correlazione positiva potrebbe essere il rapporto tra il numero di ore di studio e i voti ottenuti in un esame: all'aumentare del numero di ore di studio, aumentano anche i voti ottenuti.

È così che, sapendo cosa significa correlazione, comprendiamo nell'esistenza l'importanza di relazionarci con coloro che sembrano essere totalmente contrari a noi.

È interessante come in tutta la nostra realtà la matematica ci aiuti a comprendere non solo il mondo materiale, ma anche il mondo emotivo e mentale in cui viviamo.

2 - MAGNETISMO:

Il magnetismo è una forza fondamentale presente in tutto l'universo ed è essenziale per comprendere molti fenomeni cosmici.

Il magnetismo è presente nelle stelle, nei pianeti, nelle galassie e in altri oggetti celesti.

Ad esempio, il campo magnetico terrestre è ciò che ci protegge dalle radiazioni solari e cosmiche, mentre nelle stelle il magnetismo può generare eruzioni solari e altri eventi violenti.

Inoltre, i campi magnetici possono anche influenzare la formazione e l'evoluzione delle strutture cosmiche, come le galassie e gli ammassi di galassie.

In sintesi, il magnetismo è una forza fondamentale che svolge un ruolo importante nell'universo e il suo studio è essenziale per comprendere molti fenomeni cosmici, nonché la vita stessa su questo bellissimo pianeta.

Ora, in un universo pensante e intelligente, anche la gravità ha un comportamento personale, quindi attraverso la psicologia possiamo comprendere la nostra esistenza in modo globale, e diventare personalmente intimi con l'esistenza in cui abitiamo, in un insieme infinito.

Il termine "magnetismo psicologico" si riferisce alla capacità di una persona di influenzare le emozioni, i pensieri e i comportamenti degli altri attraverso la loro presenza, il linguaggio del corpo, le capacità di comunicazione e altre tecniche psicologiche.

Il magnetismo psicologico può essere utilizzato per stabilire relazioni interpersonali sane ed efficaci, nonché per persuadere gli altri ad adottare una determinata opinione o comportamento.

Tuttavia, può anche essere utilizzata in modo manipolativo o abusivo, quindi è importante utilizzare questa abilità in modo responsabile ed etico.

Pertanto, il magnetismo è un fenomeno non solo spaziale o fisico, ma anche psicologico, emotivo e gestibile in tutti gli ambiti di studio, sia scientifici che esoterici.

La fisica quantistica rivela una forte correlazione tra il magnetismo scientifico e la vibrazione elettrospaziale dei nostri neuroni durante il pensiero, questo studio è entusiasmante e potente.

3 - TESSUTO NEURALE E SPAZIALE:

I nostri neuroni sono organizzati come un tessuto altamente comunicante, cioè con correlazione diretta, costante e flessibile in natura. Un forte flusso di energia si raccoglie, attraverso forze finalmente conosciute oggi, come campo mentale elettromagnetico.

Questo campo strutturale di dati energetici si svolge fisicamente nell'andirivieni dei nostri neurotrasmettitori, generando una massa energetica e una realtà mentale in cui abitiamo, per svilupparci come veri esseri umani.

Sottolineo il tessuto spaziale, con la sua enorme somiglianza con la nostra mente, perché condivide la stessa struttura radicale, che è espansiva, e che sembra non avere limiti.

Allo stesso modo in cui la mente umana evolve in espansione, gli universi si espandono all'infinito e chiameremo questo meraviglioso procedimento in questo saggio modulazione esistenziale. Ebbene, la formula definita e straordinaria che verrà eseguita a questo scopo sarà di dimensioni incredibili e complesse.

La parte visibile di questa questionesembrava chiaro e di ordine perfetto, più la diversità delle infinite forme sarà sempre caos per la ragione umana a causa della sua complessità, benché sia di eternità perfettamente ordinata.

Prenderemo la parte materiale e mentale dell'esistenza come un tessuto organico in evoluzione.

Il tessuto neurale e spaziale si riferisce all'organizzazione e alla distribuzione delle cellule nervose nel cervello e alla sua relazione con le funzioni cognitive e spaziali.

Il tessuto neurale è costituito da diversi tipi di cellule nervose, inclusi neuroni e cellule gliali, che lavorano insieme per elaborare le informazioni e svolgere funzioni cognitive come la memoria, l'apprendimento e la percezione.

Il tessuto spaziale, d'altra parte, si riferisce al modo in cui il cervello elabora e rappresenta le informazioni spaziali, come la posizione degli oggetti nell'ambiente e la navigazione.

Il tessuto neurale e quello spaziale sono strettamente correlati e lavorano insieme per consentire l'elaborazione di informazioni complesse e l'esecuzione di compiti cognitivi complessi.

4 - TEMPO MAGNETICO:

I tempi in cui agisce il magnetismo determinano la velocità dell'evoluzione, il concetto **tempo magnetico** Non viene trattato, tuttavia in questo scritto ne darò una interpretazione personale, per la comprensione e lo studio del rapporto magnetico con la modulazione. Il magnetismo segna linee strutturali che fluttuano nella conformazione spaziale, ma nel tempo bisogna osservarne i movimenti e le nuove formazioni.

Lo statico esiste solo in tempi di periodi molto lunghi rispetto agli altri. Il tempo magnetico definisce la modulazione ottenuta in una linea espansiva di luce, in più le pendenze e le diversità delle sue forme giocano un ruolo eterno, chiamato destino relativo.

Il magnetismo nel tempo si riferisce alla variazione del campo magnetico nel tempo.

Il campo magnetico della Terra, ad esempio, ha subito cambiamenti significativi nel corso della storia geologica, e questi cambiamenti possono essere rilevati e studiati attraverso registrazioni geologiche e paleomagnetiche.

Inoltre, il magnetismo può essere utilizzato anche per datare rocce e altri materiali geologici attraverso la tecnica nota come datazione del paleomagnetismo.

In sintesi, il magnetismo nel tempo è un concetto importante in geologia e fisica, e il suo studio può fornire preziose informazioni sulla storia geologica e sull'evoluzione del nostro pianeta.

4 - MODULAZIONE MAGNETICA:

La modulazione magnetica è la forma che assume la materia, attraverso linee magnetiche predisposte da un'intelligenza esistenziale che costituisce ogni cosa, ogni movimento di energia nell'universo obbedisce a questa modulazione, compresi i pensieri creativi di tutti gli esseri coinvolti in questa meravigliosa azione.

La parola "modulazione" deriva dal concetto di "sagomatura" e, analogamente, l'energia elettrica viene modellata in un numero infinito di flussi elettrospaziali noti come array magnetici. Attraverso questo processo di modulazione magnetica, le informazioni vengono trasmesse e manipolate in modo efficiente variando l'ampiezza del segnale magnetico.

L'essenza dell'esistenza è la creazione perpetua, basata sulla trasformazione eterna, nota come evoluzione. Per la scienza, la modulazione magnetica è una tecnica di codifica del segnale utilizzata nella trasmissione dei dati.

Consiste nel variare l'ampiezza di un segnale magnetico ad alta frequenza per rappresentare l'informazione digitale. La modulazione magnetica viene utilizzata in varie applicazioni, come la registrazione su nastro magnetico e la comunicazione dati wireless nei sistemi di controllo e automazione industriale.

È interessante pensare a come l'energia e le linee magnetiche possano essere viste come un modo di modellare la materia e come tutto nell'universo sia connesso attraverso questa modulazione.

È anche vero che evoluzione e trasformazione sono concetti fondamentali nell'esistenza, motivo per cui meritano il nostro studio.

Intendiamo il funzionamento neuronale come un trasferimento elettronico nello spazio, quindi le nostre menti sono generatori biologici di altissima precisione e attività costante.

La responsabilità è nostra, perché oggi sappiamo che i nostri pensieri influenzano l'ambiente circostante, la distanza, la frequenza e la potenza, differiscono a causa di molteplici fattori interni o esterni a ciascun essere vivente in questo vasto gruppo di esseri pensanti.

Prendiamoci cura delle periferiche di input, orecchie, tatto, gusto, olfatto e vista, così come dell'output, bocca, estremità e soprattutto festeggiamo con il pensiero.

6 - CORRELAZIONE ESISTENZIALE:

Tutto e tutti in questa esistenza hanno linee energetiche in comune che ci uniscono infinitamente, è allora che la forma risponde ad un'unica mente in espansione.

La nostra missione come esseri pensanti è sincronizzarci tra noipoi svegliati continuamente alla ragione unitaria del tutto, è qui che la libertà individuale termina con l'assoggettamento esistenziale del flusso evolutivo.

L'unico percorso in cui tutto inizia e finisce ciclicamente è la natura stessa dell'esistenza in una forma di vita infinitamente diversa nell'eternità del caos ordinato, che è sempre esistito creando i tempi come una cronologia eterna in evoluzione.

La correlazione esistenziale è un termine che si riferisce all'interconnessione e alla mutua dipendenza tra tutte le forme di vita e natura sul pianeta.

Questa idea suggerisce che tutte le forme di vita sono interconnesse e che ogni azione che intraprendiamo influenza tutto il resto del mondo naturale.

La correlazione esistenziale è importante perché ci ricorda che facciamo parte di un ecosistema più ampio e che le nostre azioni hanno conseguenze sul mondo che ci circonda.

È importante tenere conto di questa interdipendenza quando si prendono decisioni e si agisce in modo responsabile e sostenibile per il benessere del pianeta e di tutte le forme di vita che lo popolano.

EPILOGO:

La correlazione è una misura statistica che indica la relazione tra due variabili e viene utilizzata per determinare se esiste una relazione tra due insiemi di dati e di che tipo di relazione si tratta.

La correlazione magnetica si riferisce alla relazione tra il segnale magnetico misurato in un'immagine MRI e la struttura anatomica del tessuto, che aiuta a identificare diversi tipi di tessuti e strutture anatomiche.

La modulazione magnetica è una tecnica di codifica del segnale utilizzata nella trasmissione dei dati e consiste nel variare l'ampiezza di un segnale magnetico ad alta frequenza per rappresentare le informazioni digitali.

La correlazione neutra si riferisce all'assenza di relazione tra due variabili, mentre la correlazione negativa si riferisce a una relazione inversa tra due variabili.

Questi concetti sono interconnessi e vengono applicati in diverse aree di studio, come la fisica, la psicologia e la medicina.

Dopodiché, come informazione importante, vi dirò che la correlazione magnetica è di vitale importanza per una modulazione esistenziale, perché senza alcuna relazione, le particelle esistenti sono isolate e rimangono a riposo finché non fanno parte di un sistema di vita in evoluzione.

Dirò senza dubbio che esistono solo due tipi di energia, cinetica ed estetica, il primo è l'esistenza e il secondo ne è l'origine statica.

 COME INGEGNERE DELLE TELECOMUNICAZIONI, LA CORRELAZIONE TRA PARTICELLE, DENOTA NELLA MIA VITA UNA COMUNICAZIONE COSTANTE DELL'ESISTENZA, NELLA MIA ESPERIENZA PERSONALE, TI ASSICURO CHE I TUOI PENSIERI INFLUENZANO E SONO INFLUENZATI DAL TOTALE INTORNO A TE, TI INVITO AD ENTRARE IN COMUNIONE ESISTENZIALE.